走进中国民居

陕北的窑洞

张怡 著　梁灵惠 绘

電子工業出版社
Publishing House of Electronics Industry
北京·BEIJING

人类祖先在漫长的岁月中，摸索出了因地制宜的建造本领。旧石器时代晚期，人类脱离天然山洞，开始挖穴建屋。

从距今 6000 ~ 6700 年的半坡遗址中，我们可以看到古代人类从挖洞穴居，到利用土坯、茅草搭建房子的转变。人类居住的演化历史，从依赖自然，进化到利用自然；从被动地栖于自然环境中，发展为主动地营造房屋。

今天，在我国中部的陕西、甘肃、山西、河南四个省的部分地区，人们仍旧沿用了“挖穴而居”的方式建造房屋，我们称这类房子为窑洞。

这里雨水稀少，常年干旱，树木稀疏，很难找到大量可以建造房屋的木材。而窑洞的建造过程简单，对场地和材料的要求也不高，而且它冬暖夏凉，因此深受当地居民的喜爱。

在北方平原地区建房屋，院落和房间依据功能及所使用的人，有固定的组合规则。

而建窑洞，讲究“依山近水，精于造土，重于靠田”，其中的关键技能，是认识和利用黄土。

这片高原地势平坦。大风吹袭，岩石碎屑沉积下来，形成了厚厚的黄土。富含矿物质的黄土质地均匀，垂直节理发育，具有良好的抗压能力。人们依靠世代相传的智慧，借助简单的工具，建造出了这些极具特色的窑洞。

我们今天常见的窑洞有三种不同的样式，均和建造环境息息相关。

有些建在高耸的土崖上，像梯田层层排开，叫作靠崖式窑洞；而地势平坦的地方，向下挖出院子，沿着院子四周修建窑洞，称为下沉式窑洞；还有一类用土坯、砖石等砌成拱形结构，然后再用黄土掩盖，称作独立式窑洞。

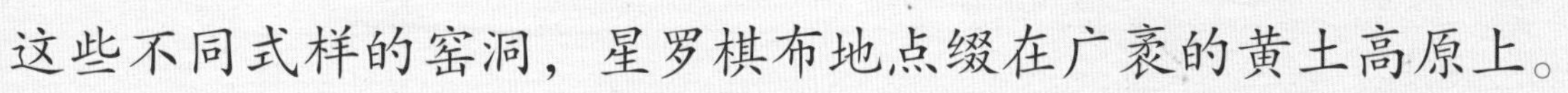

这些不同式样的窑洞，星罗棋布地点缀在广袤的黄土高原上。

窑洞的修建过程和常规盖房子大有不同。

以下沉式窑洞为例，选定地点后，围绕未来的院子挖一条浅沟。接着，向下挖一条 3 米宽的槽，挖出窑脸（窑洞的正面）。待窑脸晾干之后，就向内掏挖出一个个拱形的窑洞，再挖去院子内的土。这些土或造围墙，或烧成砖。最后，将麦秆泥抹在土墙内外，建土炕、装门窗、种树、修整院落，终于大功告成。

在院子修建的过程中，人们就可以搬进去住了。一边生活，一边建造。等到院落建成，最初种下的小树也已成材。留下来的，除了时间的痕迹，还有勤劳生活的回忆。

窑洞，顾名思义，每一个拱形的洞（窑孔）对应一个房间。民间有“四六不成材”的说法，所以窑洞多为三孔或五孔。

靠崖式窑洞场地条件有限，一字排开的三或五孔窑洞就是一家人生活的正窑，正中的一间为主窑。正窑两侧是泥巴制成的偏窑，常用来养牲口和放置农具。

一排排靠崖窑洞三五成群地镶嵌在山腰，直耸云霄，雄浑壮美。

下沉式窑洞以院子为中心，往往四个方向均建窑洞，一条长且迂回的坡道从外部通到院子内。窑洞前的空场或下沉的内院用来养鸡、晒谷，也是人们在劳动之后休息和集会的地方。

普通人家有一进院落，富有的人家有两进或三进院落。家家户户设围墙、种果树。赭黄色的窑面，波浪一般连续起伏的窑洞曲线，隐藏在浓郁的树影之中，自然静谧。

中国人讲究门面，大门代表自家的身份地位、民族及审美。窑洞门框两侧常会分别放置一座抱鼓石，起到加固门框的作用。

抱鼓石多为扁圆柱形，像两个立起来的鼓。抱鼓石上的雕刻或朴素、或复杂，非常精巧。

为了防止木柱长期接触地面腐烂，柱子下方会垫上柱础石。柱础石刻有各种美丽的纹样。房子的每一个角落都在讲述着主人的故事。

窑洞的门窗是人们平常接触最多的部位，也是窑洞中最为讲究的装饰。木制的门连窗，上方半圆的部分有一个可以单独打开换气的气窗。门窗框常用柳、杨、榆、椿、槐等树木建造，棂格图案丰富多样，曲直交错，长短相间。门窗经油漆彩绘，美观大方。

门上会挂两种门帘，春夏用薄布阻挡蚊虫进入，冬天用彩色的碎布头拼成热闹的图案，里面填上散棉花。寒冷的冬日，人们掀开门帘、呼着白气从窑里侧身闪出，把温暖留在屋内。搓搓双手搓搓脸，开始一天的劳作。

偶遇雨天，雨水留在黄土窑面上，留下斑驳的水迹，时间久了会影响到墙面的安全。

怎么办呢？聪明的劳动人民在门洞上方用木或砖石做一条挑出的小屋檐，铺上小青瓦，高低错落有致。

院子里种上黄刺梅、连翘、酸枣树之类的喜旱植物。斑驳的影子投在赫黄的窑面上，如同自然挥墨的装饰画。

炕和灶是主窑里最重要的两个构件。炕和灶内部连通，灶腔内燃柴，灶上烧水煮饭。冬季每天要烧七八个小时，夏季每天也要烧上两三个小时，除去窑内的潮气。热气从灶传到炕内，烤得被褥暖暖的。

砖砌的炕，既是床，也是招待客人和全家聚会的地方。冬天，脱掉鞋子，盘腿坐在烧得热乎乎的炕上，吃着烤红薯、黄米馍馍。日升日落，闲话家常。

《木兰辞》有云："当窗理云鬓，对镜帖花黄"。花黄，是用纸或蜻蜓翅膀等片状物为原料，染色后剪成花鸟等图案，贴在女子双眉之间的一种面饰。世代演化，便形成了剪纸艺术。

在陕北，老大娘、小姑娘手上的剪刀、刻刀灵巧地在纸上剪刻出花样。

日常劳作、家禽植物、民间故事、神话传说，皆可化作一张张生动的剪纸。

活泼的窗花装点素色的窑洞，阳光透过窗子洒在屋内，投下缤纷多姿的剪影。

身穿羊皮袄，头裹白羊肚手巾，黝黑的脸上笑容灿烂，这是我们印象中陕北人的样子。

“羊肚肚手巾三道道蓝，咱们见个面面容易拉话话难。”陕北人民喜欢羊，养羊、吃羊肉、穿羊皮、铺毛毡，他们唱的信天游里也常会出现羊。

陕北的放羊娃带着拦羊奔奔（放羊铲），吆喝着羊群。羊跑远了，他便铲起土块扔出去，将羊赶回来。早上出门，日落前回家，放羊娃和羊群一起，一天天长大。

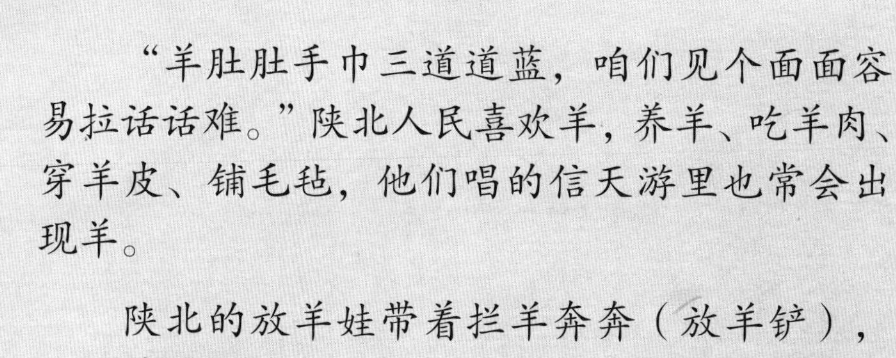

陕北的气候干燥少雨，全年日照充足。夏季炎热，冬季寒冷，四季分明。这里风沙大，土壤贫瘠，适合种植高粱、糜子、荞麦、小麦、玉米等作物。

适应能力很强的红枣收集了一年的阳光，结出的红枣个大色红，酸甜可口。土豆、红薯在干燥的黄土地下生长，甜面清香，也是陕北人重要的食材。

糜子，是五谷（稻、黍、稷、麦、菽）中的黍。糜子去皮后，便是黄米。将黄米磨碎发酵，包进甜甜的枣泥，捏成窝头的形状，放在灶头蒸熟，做成美味的黄米馍馍。黄米馍馍香甜软糯，是一家老少喜爱的主食。

院子的土墙上晾晒着玉米棒子和辣椒。黄色的、红色的，一串串整齐地挂起来，装点着窑洞土墙。

秋收时节，将糜子、小麦平铺在地上。鸡打鸣，犬儿吠，毛驴拉着石磨咕噜噜转着圈。一家人聚在一起，忙碌热闹的一年又要结束了。

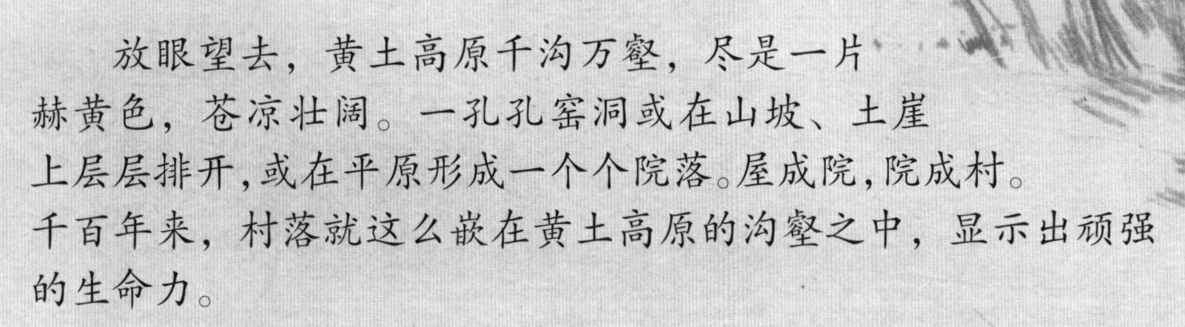

放眼望去，黄土高原千沟万壑，尽是一片赫黄色，苍凉壮阔。一孔孔窑洞或在山坡、土崖上层层排开，或在平原形成一个个院落。屋成院，院成村。千百年来，村落就这么嵌在黄土高原的沟壑之中，显示出顽强的生命力。

打起腰鼓放着羊，信天游在广袤的塬上回荡。黄土飞扬中，伴随着清脆有力的腰鼓声，舞出劳动人民的力量。

“面朝黄土背朝天，滴汗入土苦作甜。春种秋收岁月紧，黄金是稻银为棉。”生活在这里的百姓对美好生活充满期待。他们在辛勤劳作的同时，也懂得如何利用有限的资源，将日子过得有滋有味。

如今的陕北，在传统土窑、砖窑的基础上，也有了用现代建筑材料建成的两层跃式窑洞。保留了圆拱形的门窗洞，不再砌炕，而改为睡床。窑洞内安装暖气和空调，使居住环境更加舒适。更多的村民在通过现代技术改善窑洞环境、振兴乡村的同时，也保留了祖先和自然相处的智慧，以及千百年来历史和文化的记忆。

就如同大家耳熟能详的那首《黄土高坡》中所唱的：

“我家住在黄土高坡

日头从坡上走过

照着我的窑洞

晒着我的胳膊

还有我的牛跟着我”

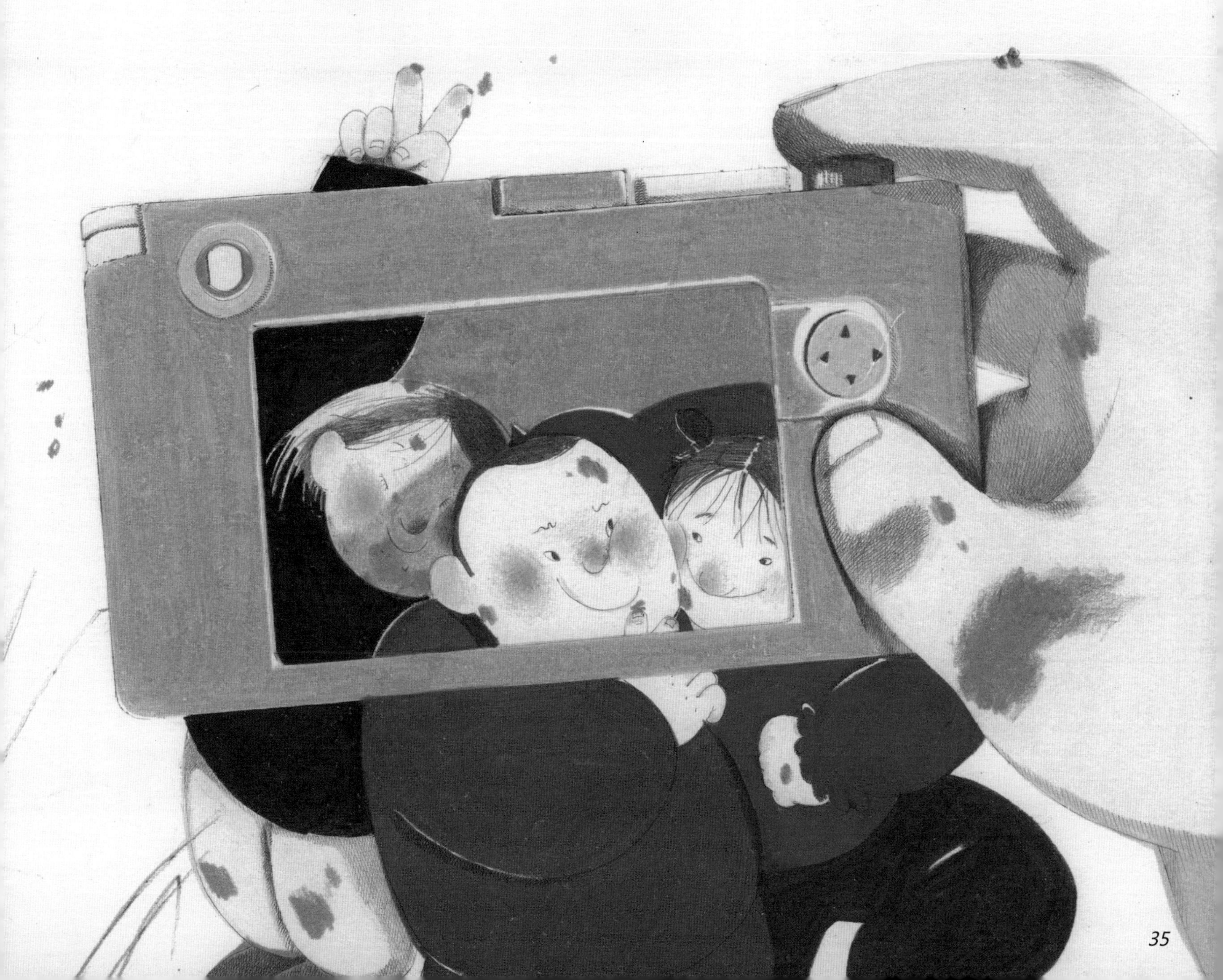

图书在版编目（CIP）数据
走进中国民居. 陕北的窑洞 / 张怡著 ; 梁灵惠绘. -- 北京 : 电子工业出版社, 2023.1
ISBN 978-7-121-44605-4

Ⅰ. ①走… Ⅱ. ①张… ②梁… Ⅲ. ①窑洞－陕北地区－少儿读读物 Ⅳ. ①TU241.5-49

中国版本图书馆CIP数据核字（2022）第226512号

责任编辑：朱思霖
印　　刷：北京瑞禾彩色印刷有限公司
装　　订：北京瑞禾彩色印刷有限公司
出版发行：电子工业出版社
　　　　　北京市海淀区万寿路173信箱　邮编：100036
开　　本：889×1194　1/16　印张：18　字数：46.2千字
版　　次：2023年1月第1版
印　　次：2023年4月第2次印刷
定　　价：168.00元（全6册）

凡所购买电子工业出版社图书有缺损问题，请向购买书店调换。若书店售缺，请与本社发行部联系，联系及邮购电话：（010）88254888，88258888。
质量投诉请发邮件至zlts@phei.com.cn，盗版侵权举报请发邮件至dbqq@phei.com.cn。
本书咨询联系方式：（010）88254161转1859，zhusl@phei.com.cn。